Symbole der Arbeitssicherheit
- Die Sicherheitskennzeichen -

von Andreas Strauch

Herstellung und Verlag: BoD-Books on Demand, Norderstedt
ISBN: 978-3-7322-8163-3
© 2013 Symbole der Arbeitssicherheit, 1. Auflage, Andreas Strauch

Inhalt

		Seite
1.	Gefahrenpiktogramme	03 - 06
2.	Warnzeichen	07 - 20
3.	Verbotszeichen	21 - 36
4.	Gebotszeichen	37 - 44
5.	Rettungszeichen	45 - 50
6.	Brandschutzzeichen	51 - 54
7.	Alte Gefahrensymbole	55 - 58
8.	Nachwort	59

Gefahrenpiktogramme

Explosionsgefahr

Kodierung: GHS01

Bedeutung:

Instabile explosive Stoffe, Gemische und Erzeugnisse mit Explosivstoffen

Entzündlich

Kodierung: GHS02

Bedeutung:

Entzündbar, selbsterhitzungsfähig, selbstzersetzlich

Brandfördernd

Kodierung: GHS03

Bedeutung:

Entzündend / Oxidierend wirkend

Komprimierte Gase

Kodierung: GHS04

Bedeutung:

Gase unter Druck

Ätzend

Kodierung: GHS05

Bedeutung:

Hautätzend
Auf Metall oxidierend wirkend

Giftig

Kodierung: GHS06

Bedeutung:

Akute Toxizität

Gesundheitsschädlich

Kodierung: GHS07

Bedeutung:

Ätz- oder Reizwirkung
Niedrigere systemische
Gesundheitsgefährdung

Gesundheitsgefährdungen

Kodierung: GHS08

Bedeutung:

Systemische
Gesundheitsgefährdungen

Umweltgefährlich

Kodierung: GHS09

Bedeutung:

Umwelt- / Gewässergefährdend

Warnzeichen

Gefahrenstelle

Kodierung: BGV A8 W 00

Bedeutung:

Warnung vor einer Gefahrenstelle

Feuergefährliche Stoffe

Kodierung: BGV A8 W 01

Bedeutung:

Warnung vor feuergefährlichen Stoffen

Explosionsgefährliche Stoffe

Kodierung: BGV A8 W 02

Bedeutung:

Warnung vor explosionsgefährlichen Stoffen

Giftige Stoffe

Kodierung: BGV A8 W 03

Bedeutung:

Warnung vor giftigen Stoffen

Ätzende Stoffe

Kodierung: BGV A8 W 04

Bedeutung:

Warnung vor ätzenden Stoffen

Radioaktive Stoffe

Kodierung: BGV A8 W 05

Bedeutung:

Warnung vor radioaktiven Stoffen oder ionisierenden Strahlen

Schwebende Last

Kodierung: BGV A8 W 06

Bedeutung:

Warnung vor schwebenden Lasten

Flurförderfahrzeug

Kodierung: BGV A8 W 07

Bedeutung:

Warnung vor Flurförderfahrzeugen

Elektrische Spannung

Kodierung: BGV A8 W 08

Bedeutung:

Warnung vor gefährlicher elektrischer Spannung

Optische Strahlung

Kodierung: BGV A8 W 09

Bedeutung:

Warnung vor gefährlicher optischer Strahlung

Laserstrahl

Kodierung: BGV A8 W 10

Bedeutung:

Warnung vor Laserstrahl

Brandfördernde Stoffe

Kodierung: BGV A8 W 11

Bedeutung:

Umwelt- / Gewässergefährdend

Eletromagentische Strahlung

Kodierung: BGV A8 W 12

Bedeutung:

Warnung vor nicht ionisierender elektromagnetischer Strahlung

Magnetisches Feld

Kodierung: BGV A8 W 13

Bedeutung:

Warnung vor magnetischem Feld

Stolpergefahr

Kodierung: BGV A8 W 14

Bedeutung:

Warnung vor Stolpergefahr

Absturzgefahr

Kodierung: BGV A8 W 15

Bedeutung:

Warnung vor Absturzgefahr

Biogefährdung

Kodierung: BGV A8 W 16

Bedeutung:

Warnung vor Biogefährdung

Kälte

Kodierung: BGV A8 W 17

Bedeutung:

Warnung vor Kälte

Gesundheitsschädliche Stoffe

Kodierung: BGV A8 W 18

Bedeutung:

Warnung von gesundheitsschädlichen oder reizenden Stoffen

Gasflaschen

Kodierung: BGV A8 W 19

Bedeutung:

Warnung vor Gasflaschen

Gefahren durch Batterien

Kodierung: BGV A8 W 20

Bedeutung:

Warnung vor Gefahren durch Batterien

Explosionsfähige Atmosphäre

Kodierung: BGV A8 W 21

Bedeutung:

Warnung vor explosionsfähiger Atmosphäre

Fräswelle

Kodierung: BGV A8 W 22

Bedeutung:

Warnung vor Fräswelle

Quetschgefahr

Kodierung: BGV A8 W 23

Bedeutung:

Warnung vor Quetschgefahr

Kippgefahr beim Walzen

Kodierung: BGV A8 W 24

Bedeutung:

Warnung vor Kippgefahr beim Walzen

Automatischer Anlauf

Kodierung: BGV A8 W 25

Bedeutung:

Warnung vor automatischem Anlauf

Heiße Oberfläche

Kodierung: BGV A8 W 26

Bedeutung:

Warnung vor heißer Oberfläche

Handverletzungen

Kodierung: BGV A8 W 27

Bedeutung:

Warnung vor Handverletzungen

Rutschgefahr

Kodierung: BGV A8 W 28

Bedeutung:

Warnung vor Rutschgefahr

Förderanlage im Gleis

Kodierung: BGV A8 W 29

Bedeutung:

Warnung vor Gefahren durch eine Förderanlage im Gleis

Einzugsgefahr

Kodierung: BGV A8 W 30

Bedeutung:

Warnung vor Einzugsgefahr

Treppen

Kodierung: BGV A8 W 31

Bedeutung:

Warnung vor Treppen

Heiße Medien

Kodierung: BGV A8 W 32

Bedeutung:

Warnung vor heißen Medien

Engstellen

Kodierung: BGV A8 W 34

Bedeutung:

Warnung vor Engstellen

Beispiel
Warnzeichen + Zusatz

Verbotszeichen

BGV A8 P 00 Verbot

Kodierung: BGV A8 P 01

Bedeutung:

Rauchen verboten

Kodierung: BGV A8 P 02

Bedeutung:

Feuer, offenes Licht und Rauchen verboten

Kodierung: BGV A8 P 03

Bedeutung:

Für Fußgänger verboten

Kodierung: BGV A8 P 04

Bedeutung:

Mit Wasser löschen verboten

Kodierung: BGV A8 P 05

Bedeutung:

Kein Trinkwasser

Kodierung: BGV A8 P 06

Bedeutung:

Zutritt für Unbgefugte verboten

Kodierung: BGV A8 P 07

Bedeutung:

Für Flurförderfahrzeuge verboten

Kodierung: BGV A8 P 08

Bedeutung:

Berühren verboten

Kodierung: BGV A8 P 09

Bedeutung:

Nicht berühren, Gehäuse steht unter Spannung

Kodierung: BGV A8 P 10

Bedeutung:

Schalten verboten

Kodierung: BGV A8 P 11

Bedeutung:

Verbot für Personen mit Herzschrittmacher

Kodierung: BGV A8 P 12

Bedeutung:

Abstellen oder Lagern verboten

Kodierung: BGV A8 P 13

Bedeutung:

Personenbeförderung verboten

Kodierung: BGV A8 P 14

Bedeutung:

Mitführen von Tieren verboten

Kodierung: BGV A8 P 15

Bedeutung:

Betreten der Fläche verboten

Kodierung: BGV A8 P 16

Bedeutung:

Verbot für Personen mit Implantaten aus Metall

Kodierung: BGV A8 P 17

Bedeutung:

Mit Wasser spritzen verboten

Kodierung: BGV A8 P 18

Bedeutung:

Mobilfunk verboten

Kodierung: BGV A8 P 19

Bedeutung:

Essen und Trinken verboten

Kodierung: BGV A8 P 22

Bedeutung:

Mitfahren auf Flurförderfahrzeug verboten

Kodierung: BGV A8 P 23

Bedeutung:

Kleiderreinigung mit Pressluft verboten

Kodierung: BGV A8 P 24

Bedeutung:

Rollerfahren auf Handhubwagen verboten

Kodierung: BGV A8 P 25

Bedeutung:

Betreten verboten, Durchsturzgefahr

Kodierung: BGV A8 P 26

Bedeutung:

Fotografieren verboten

Kodierung: BGV A8 P 27

Bedeutung:

Verbotszeichen ohne Querbalken

Kodierung: BGV A8 P 30

Bedeutung:

Mitführen von Metallteilen oder Uhren verboten

Kodierung: BGV A8 P 31

Bedeutung:

Mitführen von magnetischen oder elektronischen Datenträgern verboten

Kodierung: BGV A8 P 32

Bedeutung:

Besteigen für Unbefugte verboten

Kodierung: BGV A8 P 33

Bedeutung:

Hinter den Schwenkarm betreten verboten

Kodierung: BGV A8 P 34

Bedeutung:

In die Schüttung greifen verboten

Kodierung: BGV A8 P 35

Bedeutung:

Verbot, dieses Gerät in der Badewanne, Dusche zu benutzen

Kodierung: BGV A8 P 36

Bedeutung:

Hineinfassen verboten

Kodierung: BGV A8 P 37

Bedeutung:

Bedienung mit Krawatte verboten

Kodierung: BGV A8 P 38

Bedeutung:

Bedienung mit Halskette verboten

Kodierung: BGV A8 P 39

Bedeutung:

Bedienung mit langen Haaren verboten

Kodierung: BGV A8 P 40

Bedeutung:

Knoten verboten

Kodierung: BGV A8 P 41

Bedeutung:

Keine Nadeln einstechen

Kodierung: BGV A8 P 42

Bedeutung:

Nicht zulässig für Freihand- und handgeführtes Schleifen

Kodierung: BGV A8 P 43

Bedeutung:

Nicht zulässig für Seitenschleifen

Kodierung: BGV A8 P 44

Bedeutung:

Nicht zulässig für Nassschleifen

Beispiel
Verbotszeichen + Zusatz

Gebotszeichen

BGV A8 M00 / D-M000 / DIN 4844-2

Kodierung: BGV A8 M 01
D-M001

Bedeutung:

Augenschutz benutzen

Kodierung: BGV A8 M 02
D-M002

Bedeutung:

Schutzhelm benutzen

Kodierung: BGV A8 M 03
D-M003

Bedeutung:

Gehörschutz benutzen

Kodierung: BGV A8 M 04
D-M004

Bedeutung:

Atemschutz benutzen

Kodierung: BGV A8 M 05
D-M005

Bedeutung:

Fußschutz benutzen

Kodierung: BGV A8 M 06
D-M006

Bedeutung:

Handschutz benutzen

Kodierung: BGV A8 M 07
D-M007

Bedeutung:

Schutzkleidung benutzen

Kodierung: BGV A8 M 08
D-M008

Bedeutung:

Gesichtsschutzschild benutzen

Kodierung: BGV A8 M 10
D-M010

Bedeutung:

Für Fußgänger

Kodierung: BGV A8 M 11
D-M011

Bedeutung:

Sicherheitsgurt benutzen

Kodierung: BGV A8 M 12
D-M012

Bedeutung:

Übergang benutzen

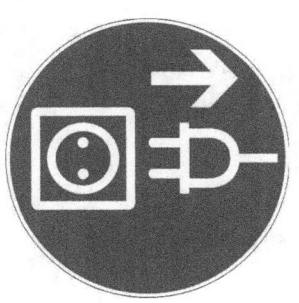

Kodierung: BGV A8 M 13
D-M013

Bedeutung:

Vor Öffnen Netzstecker ziehen

Kodierung: BGV A8 M 14
D-M014

Bedeutung:

Vor Arbeiten freischalten

Kodierung: BGV A8 M 15
D-M015

Bedeutung:

Rettungsweste benutzen

Kodierung: BGV A8 M 16
D-M016

Bedeutung:

Schneidwerk ölen

Kodierung: BGV A8 M 18
D-M018

Bedeutung:

Gebrauchsanweisung beachten

Kodierung: BGV A8 M 19
D-M019

Bedeutung:

Sperren

Kodierung: BGV A8 M 20
D-M020

Bedeutung:

Augenabschirmung für Patienten tragen

Rettungszeichen

BGV A8 E 003

Kodierung: BGV A8 E 002

Bedeutung:

Richtungsangabe für Erste-Hilfe-Einrichtungen, Rettungswege, Notausgänge

Kodierung: BGV A8 E 003

Bedeutung:

Erste Hilfe

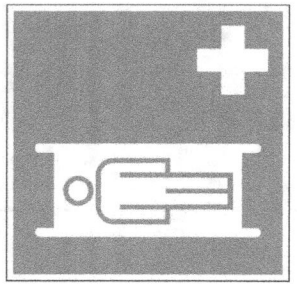

Kodierung: BGV A8 E 004

Bedeutung:

Krankentrage

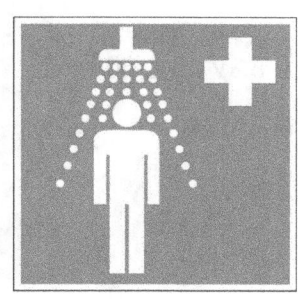

Kodierung: BGV A8 E 005

Bedeutung:

Notdusche

Kodierung: BGV A8 E 006

Bedeutung:

Augenspüleinrichtung

Kodierung: BGV A8 E 007

Bedeutung:

Notruftelefon

Kodierung: BGV A8 E 008

Bedeutung:

Arzt

Kodierung: BGV A8 E 009

Bedeutung:

Rettungsweg / Notausgang

Kodierung: BGV A8 E 010

Bedeutung:

Rettungsweg / Notausgang

Kodierung: BGV A8 E 011

Bedeutung:

Sammelstelle

Kodierung: BGV A8 E 017

Bedeutung:

Automatischer Externer Defibrillator

Brandschutzzeichen

BGV A8 F 005

Kodierung: BGV A8 F 001

Bedeutung:

Richtungsangabe

Kodierung: BGV A8 F 002

Bedeutung:

Richtungsangabe

Kodierung: BGV A8 F 003

Bedeutung:

Löschschlauch in einem Wandhydrant

Kodierung: BGV A8 F 004

Bedeutung:

Leiter

Kodierung: BGV A8 F 005

Bedeutung:

Feuerlöscher

Kodierung: BGV A8 F 006

Bedeutung:

Brandmeldetelefon

Kodierung: BGV A8 F 007

Bedeutung:

Mittel und Geräte zur Brandbekämpfung

Kodierung: BGV A8 F 008

Bedeutung:

Brandmelder

Alte Gefahrensymbole

T / T+

Kennbuchstabe: E

Bedeutung:

Explosionsfährliche Stoffe

Kennbuchstabe: F / F+

Bedeutung:

**Leichtentzündliche Stoffe
Hochentzündliche Stoffe**

Kennbuchstabe: O

Bedeutung:

Brandfördernde Stoffe

Kennbuchstabe: T / T+

Bedeutung:

Giftige Stoffe

Kennbuchstabe: Xi / Xn

Bedeutung:

**Reizende Stoffe
Gesundheitsschädliche Stoffe**

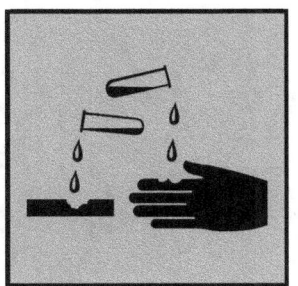

Kennbuchstabe: C

Bedeutung:

Ätzende Stoffe

Kennbuchstabe: N

Bedeutung:

Umweltgefährliche Stoffe

Nachwort

Dieses Buch wurde von mir nach langen Recherchen und bestem Wissen zusammengetragen. Natürlich kann ich hier keine Garantie auf Richtigkeit und Vollständigkeit geben.

Aber ich denke, dass hier die wichtigsten Symbole für Arbeitssicherheit im Buch vertreten und beschrieben sind.

Vielen Dank, dass Sie sich für mein Buch entschieden haben und es hoffentlich eine gute Hilfe für Sie im täglichem Arbeitsleben ist.

Ihr Autor
Andreas Strauch

Notizen